化学元素之旅

THE ELEMENTS

AN ILLUSTRATED HISTORY OF THE PERODIC TABLE

【英】Tom Jackson 著

李莹 丁伟华 沙乃怡 李思慧 译

人民邮电出版社

北京

图书在版编目（CIP）数据

化学元素之旅 / （英）杰克逊（Jackson, T.）著 ；
李莹等译. -- 北京 ：人民邮电出版社，2014.6
（爱上科学）
ISBN 978-7-115-35268-2

Ⅰ．①化… Ⅱ．①杰… ②李… Ⅲ．①化学元素—少
儿读物 Ⅳ．①O611-49

中国版本图书馆CIP数据核字（2014）第074417号

版权声明

◆ 著　　　[英] Tom Jackson

　　译　　　李　莹　丁伟华　沙乃怡　李思慧

　　责任编辑　李　健

　　执行编辑　周　璇

　　责任印制　周昇亮

◆ 人民邮电出版社出版发行　　北京市丰台区成寿寺路 11 号

　　邮编　100164　电子邮件　315@ptpress.com.cn

　　网址　https://www.ptpress.com.cn

　　涿州市般润文化传播有限公司印刷

◆ 开本：889×1194　1/20

　　印张：7　　　　　　　　　　2014 年 6 月第 1 版

　　字数：333 千字　　　　　　2024 年 8 月河北第 28 次印刷

　　著作权合同登记号　图字：01-2013-4012 号

定价：79.00 元

读者服务热线：(010)53913866　印装质量热线：(010)81055316
反盗版热线：(010)81055315
广告经营许可证：京东市监广登字 20170147 号

内容提要

伟大思想家们的思想和作为经常可以产生精彩的故事。在本书中，你将会看到改变历史的 100 个化学元素的重大发现。每个故事都涉及一个令人费解的难题，而正是这些难题促使了新发现，并且改变了我们对世界以及我们在世界中的位置的认知，它们的价值无法估量。

知识并不是从一开始就可以被完全认知，它需要大量对证据的思考，一步一步去逼近真相。在这本书中，我们追寻着一个效果与美感同时兼具、可以显示宇宙组成基本单元的工具——元素周期表与其相关内容的历史轨迹，涉及哲学家、炼金术士以及科学家的故事。古希腊哲学家德谟克利特著名的"水、火、土、气"四元素说，他认为一切物质都是原子组成的，不然我们的世界就是一片虚无；法国贵族安托万·拉瓦锡第一次向世界宣告，水并不是一种元素；门捷列夫，这个大胡子的西伯利亚人创建了包含 60 多种元素的周期表，并且对其他元素进行了正确的预测。

如今，我们已经知道了很多关于原子和元素的知识，那么之后，化学的故事又将怎样书写呢？

Contents

目 录

THE
SCEPTICAL CHYMIST:
OR
CHYMICO-PHYSICAL
Doubts & Paradoxes,
Touching the
SPAGYRIST'S PRINCIPLES
Commonly call'd
HYPOSTATICAL;
As they are wont to be Propos'd and
Defended by the Generality of
ALCHYMISTS.
Whereunto is præmis'd Part of another Difcourfe

现代（1900 年至今）

19 世纪：科学的伟大时代（1800—1900）

前 言

我们的周围存在着一个非常庞大的物质世界，你是否曾经思考过这个物质世界是由什么构成的？物质世界的深处究竟是什么？如果你曾有这些疑问，那么你并不孤单，几个世纪以来有很多这样的思考，也有很多相应的答案。

历史上，人类对元素的认识都基于"四元素说"。

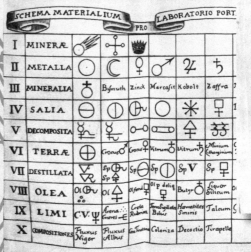

炼金术士根据元素的性质将元素进行分类。

有价值的探寻

知识的形成并不是一蹴而就的，我们需要不断对其研究，反复思量相关的证据，并根据证据推进结论的形成。当我们回顾整个的研究会发现，最前沿的意识，即使它不荒谬、不可笑，它也可能看起来是完全错误的。不过，不断发展的高新技术使得人类可以进行更加有价值的研究，人类使用这些技术手段，可以一步一步愈加清晰地勾勒出物质世界的真实图景。

对自然界的物质进行分类，是元素周期表故事的开始。最初，炼金术士运用带有神秘奇幻色彩的语言来表达和理解物质世界。宇宙中的物质除了其物理属性外，还被冠以宗教和精神的属性。在这种背景下，人们既可以通过加热或溶解，也可以通过低声吟唱的咒语来实现对物质的控制。

伟大思想家们的思想和作为经常可以创作出精彩的故事。本书中，我们会涉及 100 个精彩的故事。每一个故事都涉及一个有价值且很关键的问题，正是这些问题引领着我们不断地发现，改变着我们对这个世界以及自身所处环境的认知和理解。

虽然门捷列夫 1869 年版本的元素周期表有很多空缺，但这些空缺的位置是有根据的。

面对原始混乱的自然界，人类通过自己的力量找出了物质存在的规律和模式，这张现代的元素周期表无疑是科学取得胜利的果实之一。

古代与现代

在古代，当时人们概念中的"元素"用一只手的手指就可以数完——水、火、土、气，共有 4 种。尽管如此，人们依然认识到了这 4 种元素所形成的物质形态和性质之间的联系。人们也开始处理这些物质，使它们更实用或是更具价值。于是，最早开始对物质进行人为干预的一批探索者——炼金术士开始对物质世界的探索和改造，他们发现，组成世界的元素要远远多于哲学家眼中的 4 种。

炼金术士的工作间常常摆满各种物质原料，这些物质常以土、油、晶体以及气体进行分类。随着时间的推移以及新技术、新设备的发展，这些物质被反应和重塑，带有神秘色彩的炼金术过程也被以经验为依据的客观研究所取代。这是科学的时代、

科学家的时代，他们一点一点地否定旧的元素、开始揭示新的元素。到 19 世纪，氯、铀、氦等元素一个接一个地收录到元素的名单中。几乎每一年都会有新的元素加入，这使得元素的分类愈加困难。是什么使这些元素的性质如此迥异，又是什么可以将这些独特的元素联系起来？

在几次失败的尝试后，德米特里·门捷列夫以循环的性质为基础，制作出了呈周期状排列的元素表。如今，以它为蓝本的元素周期表依然悬挂在世界各地化学实验室的墙壁上。虽然当年的门捷列夫并不知道为什么可以将元素如此排列，但这张表对于元素的分类的确适用。要想回答"为何适用"这个问题，还需要不断地研究和思考，而由此引出的化学故事一直持续至今。

了解元素周期表

元素周期表是化学家整理已知元素后所得到的重要理论工具。元素周期表的排列方式可以使人们粗略地预测元素的性质，比如它是金属还是非金属，它是活泼的还是稳定的，它可能与哪些元素产生作用、发生反应等。只要了解元素周期表的基本规律，你就可以回答类似上面的问题。元素是由原子组成的，而原子是由中心的原子核（内含质量较重的质子和中子）以及外层所围绕的质量较轻的电子组成的。一种元素之所以与其他元素不同，是因为每种元素都有各自特定的结构，即原子核中特定数目的质子，以及外围与质子数相

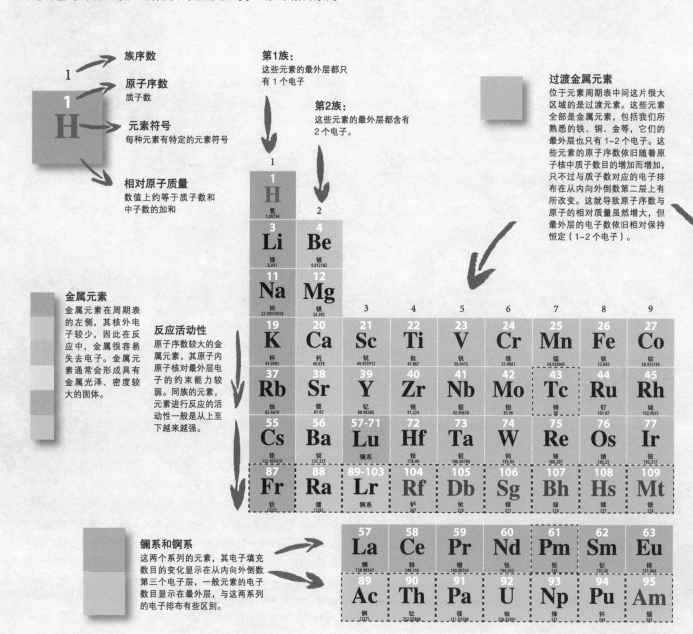

1　族序数

原子序数
质子数

元素符号
每种元素有特定的元素符号

相对原子质量
数值上约等于质子数和中子数的加和

金属元素
金属元素在周期表的左侧，其核外电子较少，因此在反应中，金属很容易失去电子。金属元素通常会形成具有金属光泽、密度较大的固体。

反应活动性
原子序数较大的金属元素，其原子内原子核对最外层电子的约束能力较弱。同族的元素，元素进行反应的活动性一般是从上至下越来越强。

镧系和锕系
这两个系列的元素，其电子填充数目的变化显示在从内向外倒数第三个电子层，一般元素的电子数目显示在最外层，与这两系列的电子排布有些区别。

第1族：
这些元素的最外层都只有1个电子

第2族：
这些元素的最外层都含有2个电子。

过渡金属元素
位于元素周期表中间这一片很大区域的是过渡元素。这些元素全部是金属元素，包括我们所熟悉的铁、铜、金等，它们的最外层也只有1~2个电子。这些元素的原子序数依旧随着原子核中质子数目的增加而增加，只不过与质子数对应的电子排布在从内向外倒数第二层上有所改变。这就导致原子序数与原子的相对质量虽然增大，但最外层的电子数依旧相对保持恒定（1~2个电子）。

同的特定数目的电子。元素周期表就根据这些原子的结构将元素排序，从左上角结构最简单的氢元素（最轻的元素）开始。氢原子的原子序数为 1，其原子核内只有一个质子、相应地也有一个电子在围绕原子核的轨道上运动。同行向右可以看到氦元素，它包含两个质子以及相应的两个电子，其原

子序数为 2。原子序数为 3 的元素是锂，但是第三个电子与前两个电子相比排列在更外层的电子轨道上（最外层也只有一个电子）。于是，它被放到了第二排，或者我们可以说是第二个周期。从内向外的第二个电子层可以排列 8 个电子，因此当元素排列到"氖"（原子序数为 10）时，此后的元素会被排到第三个周期，以此类推。欢迎你进入元素周期表的世界！

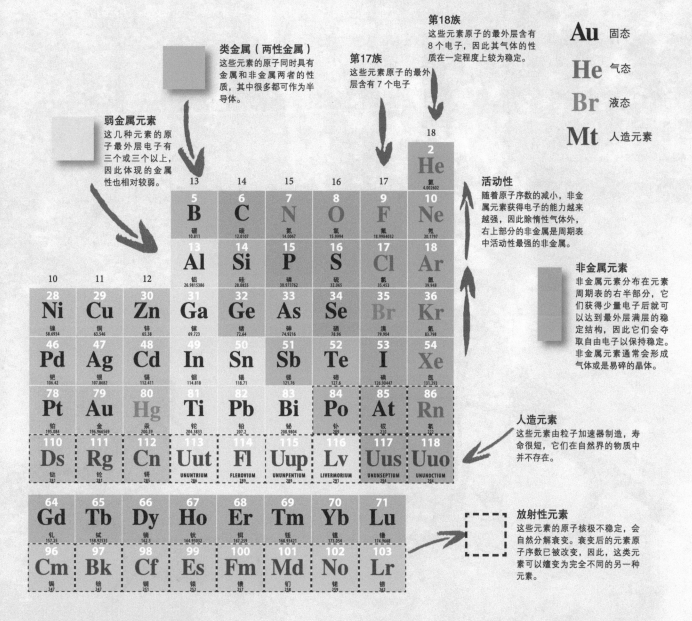

类金属（两性金属）
这些元素的原子同时具有金属和非金属两者的性质，其中很多都可作为半导体。

弱金属元素
这几种元素的原子最外层电子有三个或三个以上，因此体现的金属性也相对较弱。

第17族
这些元素原子的最外层含有 7 个电子

第18族
这些元素原子的最外层含有 8 个电子，因此其气体的性质在一定程度上较为稳定。

Au 固态
He 气态
Br 液态
Mt 人造元素

活动性
随着原子序数的减小，非金属元素获得电子的能力越来越强，因此除惰性气体外，右上部分的非金属是周期表中活动性最强的非金属。

非金属元素
非金属元素分布在元素周期表的右半部分，它们获得少量电子后就可以达到最外层满层的稳定结构，因此它们会夺取自由电子以保持稳定。非金属元素通常会形成气体或是易碎的晶体。

人造元素
这些元素由粒子加速器制造，寿命很短，它们在自然界的物质中并不存在。

放射性元素
这些元素的原子核极不稳定，会自然分解衰变。衰变后的元素原子序数已被改变，因此，这类元素可以嬗变为完全不同的另一种元素。

1

史前时代（公元前 50000 年—公元 0 年）

石器时代的化学

最初的化学是对物质进行归类，这一过程起始于人类的认识之初。取火、绘画、烹调……这些都是应用化学的范例。我们最早的祖先，乃至原始人类，都试图掌握天然物质本身的化学性质，并加以利用。

木材、筋腱和一个石制的箭头就可以制成一组弓箭，它可以用来抓捕野鹿。这幅数千年前的景象通过有色的黏土以及一点想象被记录了下来。

石器时代是人类文明最原始时期的总称，距今大约 200 万年，远远早于现代人类物种"智人"在地球上的出现。石器时代是人类进化的里程碑，也是手工工具发展的标志性时代，在这个时期，人类直系祖先"能人"已经可以用手制造简单的工具。之所以称为"石器时代"，是因为我们所掌握的远古时期人类活动的证据几乎全部是石器，它们经原始人手工劈砍制成。

然而可以肯定的是，岩石并不是我们用于制造工具的唯一材料，特别是到了公元前 5 万年，现代人类开始支配自然的时候。我们的祖先也用骨头、茸角、筋腱、毛皮以及木材制作工具，但这些工具很难被完好地保留。有人认为，生活在东亚的直立人曾在竹制品的基础上发展出一类加工技术，但这些竹制品都没有留存下来。

在 180 万年前，远古的人类使用像这样的燧石手斧来屠杀动物、雕刻木器。

火焰与食物

人类之所以可以区别于其他动物，原因并不少，而对火的使用是最重要的标志之一。据推算，180 万年前，人类就已经征服了火；就目前的考古证据而言，我们几乎可以确信的是，公元前 12 万年左右，在非洲生活的各个族群中已经知道将火点燃的方法。火是当某种燃料与氧气反应时迅速释放能量的表现。点燃木柴或粪便的技能，将人类从必须按照太阳起落的作息中解放出来，同时也使他们可以用火加工周围的材料。对于这个优势，最好的例子莫过于烹调食物了。通过热量预先消化食物使之进一步分解，食物中的营养物质便可以更好地被肠胃吸收。

火也带动了早期技术的发展。早期的容器是通过加热潮湿的黏土使其硬化而制成的，这些罐子用于盛放人们收集的谷物以及谷物磨出的细粉。在热的石块上烘焙面包也依靠化学作用。面包并不是将面粉和水简单混合，而是将两种原料先通过反应，产生有弹性的面筋，再将面筋揉到有类似弹性的生面团里制作而成的。

艺术与法术

在石器时代，化学也在当时社会的仪式层面上有所应用。有学说称，古代的艺术是为了对重要事件（比如下一次狩猎）施加影响而实施的法术。用木炭的尖端作为最初的铅笔，用碾碎的黏土与水混合当作那时的颜料涂抹或拍打成图案。红色的朱砂（硫化汞）以及黄色和橙色的赭石（不同种类的铁的氧化物）形成了石器时代不断重现的色调。直到现在，它也在全世界传统绘画风格中普遍存在。艺术家通过他们的方式来展现科学的世界，这仅仅是个开始。

石器和身份

尽管"价值"最初来源于实用性，但是处于文化萌芽阶段的人们赋予了一些物品实用性以外的价值。尖状的鹿角非常适合挖掘工作，比木器更坚硬，比石器更灵活。因此，这类用来挖掘的工具会被它的主人小心翼翼地保管，而可以被轻易替换的木质器具就不必如此精心。在一个旧石器时代的工具箱中，最有价值的物品就是手斧。手斧是一种符合人手尺寸的楔形石器，它可以将施于宽边的力量集中在对向刀刃状的边沿上，类似于现代刀或斧子的工作原理。将燧石或其他小型的晶石劈裂成坚硬的、带有尖形边沿的薄片，就可以制成手斧。有些用于仪式的手斧形态较大，已经超出了实用的范畴，它们仅仅是持有者尊贵身份的象征。

2 天然单质

自然世界是一个各种物质混淆在一起的世界。早期人类从没有见过一种精炼的产物，他们周围所有的东西都是混乱并且融合在一起的。因此我们不难理解，由金色金属组成的天然金矿——一种看上去完全是由单一物质组成的物体引起了人们极大的关注，这种关注一直延续至今。

在地壳表面含量最丰富的元素中有几种是金属，比如铁、铝和钙。然而，这些金属和其他大部分的金属还未以单质[1]的形式被发现，它们与硅、氧或其他的非金属结合，并以化合物的形式存在。它们形成了多种矿石和天然化合物，这些物质组成了岩石、黏土和沙砾，塑造了大自然基本的面貌。

然而，人们发现在单一的棕色和灰色物质中不时有闪烁的金色。金是少数天然就以单质形式存在的元素之一。人们很少发现由银、铜、硫、汞组成的天然单质，但金稳定的化学性质决定着它常以单质的形式存在。稳定的性质再加上独特鲜黄的色彩，使黄金成为了非常珍贵的资源。

铜是最常见的天然金属，也是第一个被大规模使用的金属。

如今的黄金

到目前为止，精炼出的黄金可以塑成一个边长为 20 米的立方体（超过 65 英尺）。其中一半用来制成首饰，10% 会用于电子或医药这类高新技术产业。当然，40% 的黄金因其本身的贮藏价值被保存在银行里，供人们进行买卖交易等投资。毕竟，黄金的价格历经千年依旧不断上涨。

金属加工

最初的金属工匠们通过敲打金属使之扁平，或将熔融的金属塑型来使用自然资源。11000 年前，天然的铜珠在伊拉克的北部被发现。由于金更稀有，保存下来的金制手工制品的数量就更少，其中最古老的来自于保加利亚的瓦尔纳，可追溯至公元前 5000 年前。2400 年之后，古埃及出现了第一个金矿。金是一种质地较软的金属，它只适合当作装饰。咬合金币判断其硬度，就可以得知这枚金币的纯度。不过，当其他的金属因为腐蚀的缘故变得脆弱，或是随着时间的流逝而失去光泽时，人们便很快地发现家中世代相传的金饰并不会褪色，也不会因腐蚀生锈变得毫无价值。因此在人们眼中，黄金就成了财富的象征，直至今日亦是如此。

① 译者注：单质是指同种元素组成的纯净物，与化合物的概念相对。化合物也是纯净物，但由不同的元素组成。

3 青铜时代

合金是由两种或两种以上金属所组成的混合物②，古代的工匠们对这一概念都非常熟悉。人们发现黄金经常与少量的金属银混合，这种天然的合金被称为银金矿。但是，最终改变世界的是另一种合金，一种人造的合金——青铜。

青铜时代是一段无法明确划分时间界限的历史时期。在这个时代，人们如诸神一般目睹了古埃及金字塔的建造，以及因一匹木马而取得胜利的特洛伊战争，甚至见证了传说中亚特兰提斯的毁灭……而这一切全部来自偶然，始于意外。

公元前 4000 年在苏美尔的某个地方（如今的伊拉克南部），工匠们发现用炭火加热天然的铜矿，得到的铜会多于此前加入的铜。这是因为在精炼过程中，他们因失误混入的矿土中含有丰富的铜元素。燃烧的木炭（这种木炭几乎是纯净的单质碳）与含铜的矿土发生化学反应，其中的铜便被还原成单质，附着在先前加入的铜上，这样铜的质量就增加了。同时被还原的还有矿土中的锡，幸运的苏美尔人发现，把这两种金属混合熔融然后冷却，便可以得到一种固态的合金，这种合金比此前两种金属中的任意一种都更坚硬强韧——人们就这样发明了青铜合金。

技术优势

在不断的发展过程中，人类在青铜冶炼技术方面也取得了巨大的进步。用更强韧、更耐用的工具制出的精致铸造物得到了更广泛的普及。青铜制的犁十分坚固，可以加快耕地的速度并且不易磨损。带轮的交通工具，比如那些过去常常从矿山运输矿石的车辆，都用青铜塑型并加固。在战场上用青铜武装的士兵，可以保护自己不受敌人铜质武器的伤害，但若应对青铜制成的刀刃，那就另当别论了。

② 译者注：现在的合金概念与古时有所不同。合金的组成可能含有几种不同的金属，也可能含有非金属。

像这样一个科林斯人的头盔是由单片青铜制成的，它是公元前一千多年前希腊士兵的战利品。

4 铁的使用

　　金属的冶炼并不仅仅适用于铜和锡，其他一些矿石也可以被还原成金属单质。"还原"是一个专业术语，使用该词是因为生成的金属质量常会小于原料的质量③。金属工匠们可以通过质量、质地甚至是气味来识别不同的矿石。一段时间后，他们最终从矿石中得到了铁——一种至今仍被广泛使用的金属。

　　铁十分活泼，几乎不以单质的形式存在。然而，它是地球上最普遍存在的金属元素。地球上大部分的铁元素都存在于我们无法触及的酷热致密的地核中。即便如此，铁仍旧是地壳岩石中一种常见的组成成分。在地壳中，只有氧、硅、铝这 3 种元素的含量比铁更丰富。

神奇的金属

　　尽管如此，古时的人们并未意识到金属铁远在天边、近在眼前。比如，对于古埃及人来说，铁是一种神奇的"来自天堂的金属"，它存在于从天而降的陨石中。由于埃及用于冶炼铜和青铜的天然矿物原料中，元素砷的含量很高，这种天然的混合产生了硬化效应，古埃及人觉得没有必要再去寻求更强韧、更坚硬的替代品。因此，发展更加优质材料的驱动力来自古代世界的其他地方，那里就是铁器时代的开始。

这幅图中，专业的工匠正在冶炼金属铁，然后将之铸造成型。正是由于他们创造了铁制工具，才使得农业效率提高、食物盈余。这也使得铁器时代的人们不必仅仅为了生存而群居在一起。

③ 译者注："被还原"的英文是"be reduced"，"reduce"在英文中还有减少的意思。

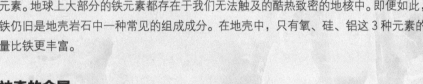

腐蚀

　　强力和柔韧等良好的物理性质加之丰富的含量，使铁成为了最广泛使用的金属。每年有超过 100 亿吨的铁被冶炼出来。然而，金属铁有一个缺陷——易被腐蚀。铁很难避免与氧气和水发生缓慢的氧化反应，生成一种被称为针铁矿的多孔片状矿物质，也就是为人们所熟知的铁锈。尽管通过涂料和合金化可以减缓这个过程，但最终，所有精炼的铁会因腐蚀化为一片红尘。铁生锈时还会膨胀，因此钢筋混凝土也会因其中铁的腐蚀最终破裂和瓦解。

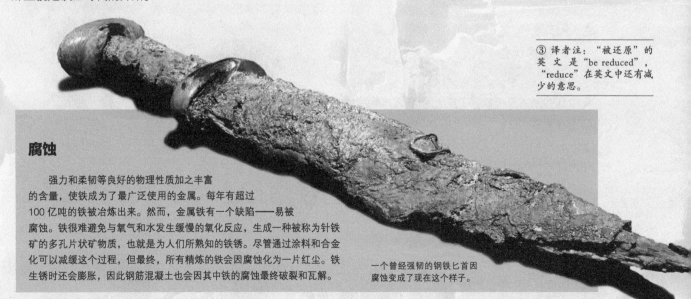

一个曾经强韧的钢铁匕首因腐蚀变成了现在这个样子。

锻造进展

在发现青铜几百年后，首批炼铁熔炉在叙利亚的北部和土耳其的南部纷纷出现。而后，在坦桑尼亚也发现了公元前 2000 年的炼铁厂，学者们猜想它可能源于另一个独立发现的过程。直到公元前 1200 年，铁器技术的应用从非洲西部传播到高加索，随后又传播到中国和欧洲西部。

青铜的熔炼（将含有铜和锡的矿石一同还原）需要一个稍高于 1000℃ 的温度，这恰好在木炭熔炉的极限范围内。然而，熔炼铁的最佳工作温度是 1500℃ 以上，这个温度超过了木炭熔炉的极限温度。这就使得早期冶炼铁的工作较为费力。在并不理想的温度下，生产的铁会掺有杂质或是含有炉渣等多孔性物质。这种产品被称为初轧方坯或生铁，需要进行锻造——即加热时反复敲打然后冷却从而驱出炉渣。再将这些锻造后的金属合为一体，最终形成纯净且具有延展性的熟铁。

增韧

铁匠们发现生铁质脆，但由它锻造的熟铁又太软。实际上，一种更加坚韧的、可以代替青铜的铁合金早已在熔炼炉中形成。早期铁的熔炉被称为"锻铁炉"，它拥有一些硕大的风箱，目的是向燃烧着的木炭和氧化铁矿的混合物鼓吹空气。木炭的燃烧会生成一氧化碳，一氧化碳会继续与氧化铁发生反应，夺走其含有的氧原子使自身转化为二氧化碳，同时把氧化铁还原成铁单质，尽管生铁仍会混有其他的物质。

熟铁质地软是因为生铁中混杂的碳都在煅烧的过程中燃烧完了。然而人们发现，如果正在煅烧的金属深埋在木炭中加热，趁红热浸入水中，那么得到的金属就比较坚硬。现在这个过程被称为渗碳，使煅烧过程损失的碳转而形成钢化的表层。现代的术语称铁和碳的混合物为"钢铁"，它甚至成为耐久和强韧的代名词。

在古代，钢铁生产是一项艰难的产业，但是制得的成品足以回报人们投入的技术以及付出的努力。罗马人、中国人、维京人以及日本武士，他们都因先进的钢铁技术获得了军事上的胜利以及生产力的发展。

高炉与转炉

熟铁吹炼炉一直以来都在不断改进。水轮用于加大熔炉燃烧所需的空气气流。逐渐引入的焦炭（一种精炼煤）在相当大的程度上提高了煅烧温度。石灰岩的添加既可作为助熔剂，又可作为清洁剂清除杂质。随着熔炉效率不断地增长，低端的锻铁炉逐渐变为了较为先进的高炉。1855 年，英国发明家亨利·贝塞麦研发了一种转炉，使用这种转炉不需要先锻造熟铁，就可以大规模地直接将生铁转化为钢铁。

在加入一定量的碳生产钢铁之前，贝塞麦转炉就已经通过一股热空气将杂质燃烧除尽。

5 实用的矿物

金属并不是早期人类精炼和投入使用的唯一的化学物质。价值连城的珠宝历经数百年仍幸存于世，人们开发利用其他矿物的证据由此可见一斑。

发酵制酒是早期人类开发使用的最早的化学过程之一。在贮藏的水果和谷物中，滋生的酵母菌会自发地把糖转化成酒精。事实上，中国人在至少 9000 年前就发明了一种用蜂蜜制备米酒的方法。皮革的制造也同样依靠生物学作用，未加工的动物皮毛与浸湿的树皮、粪便甚至是动物的脑浆一起作用，其蛋白质会转化为一种防水、耐用并不被腐蚀的材料。

我们所知道的有关古代化学方面的知识，大多数是通过对陶瓷碎片的成分分析来进行推测的。陶瓷的制作就是一个化学过程，即通过加热将质软的黏土转变为坚硬的陶瓷。

泥板好比青铜时代的纸。公元前约 2100 年，苏美尔的一位医师在一本书上记录了他当时经常使用的物质。物质的清单包括海盐（氯化钠）、焚烧植物中获取的苏打粉（碳酸钠）、煤灰中得到的卤砂（氯化铵）、硝石（硝酸钾，是后来火药中的一种成分）、油和脂肪、酒精（也可能是醋）……这些物质有可能被用作溶剂、防腐剂或是麻醉剂。然而，这位在当时已非常优秀的医师并没有确切地记录这些物质用来做什么，因此它们的药用功能仍然扑朔迷离。

纯度极高的黄金以及嵌入的天青石，使得图坦卡蒙法老[4]（King Tutankhamun）的死亡面具依旧保持着清晰的色彩。这种青蓝的宝石在最初是大量生产的珠宝之一，它是从 4000 千米外的阿富汗开采而来的。

人造岩石

混凝土是一种像岩石一样坚实的材料，它由水泥浆体与尖角砂粒这类颗粒状的集料结合而成。它的结构与很多的沉积岩很像，不同的是湿度较强的混凝土悬浮液可以倒入模具或被塑形，成型后可脱离模具单独使用。通过加热石灰石以及贝壳得到石膏（硫酸钙）和生石灰（氧化钙），古埃及人率先使用了混凝土这种材料。其中，水泥浆体的硬化并不仅仅源于简单的干燥，而是其中的晶体吸收水分子后相互作用的结果。

罗马的万神殿建于公元 126 年。它的穹顶直径长达 43 米（141 英尺），由火山灰加固的混凝土制得，至今仍是世界上最大的无钢筋混凝土圆形穹顶。

④ 译者注：图坦卡蒙（King Tutankhamun，公元前1341–1323 年），古埃及新王国时期第十八王朝的法老，因其古墓在保存数千年后才被发掘而闻名于世。

6 玻璃制品

玻璃透彻清亮的性质总令人不可思议，相比之下，它的组成却显得平凡无奇。玻璃是由无数沙砾经强热熔化后形成的一整片晶状固体。当发生闪电、火山喷发以及陨石撞击等猛烈的自然现象时，玻璃可能会自然形成。不过，早期人类也已掌握了将沙砾变为美丽的玻璃制品的方法。

第一个掌握玻璃制作文明的很可能是古埃及，时间大约在公元前 3 世纪中叶。据推测，那时的铜匠偶然因高温条件下熔化了混有矿石的沙砾而制得了玻璃。沙砾一般是由二氧化硅（也被称为硅石或石英）的细碎晶体组成，当时的古埃及人就已掌握了将沙砾变为玻璃的简易方法。

自然界通过自身巨大的力量形成了远远超过硅石熔点（1700℃）的高温，从而制得了玻璃。现在亚历山大附近的湖泊是古埃及人的玻璃工艺发源地（如今这片区域仍是材料产业基地），他们把硅石与碳酸钠或是苏打粉混合，当硅石加热后，这些苏打粉可以起到助熔剂的作用，这样大大降低了整个混合物的熔点，使得熔融的玻璃在普通木炭炉中的生产成为可能。

古埃及人主要用玻璃来制作美丽的釉彩来装饰罐子。几世纪后，真正意义的商用玻璃产品才在美索不达米亚出现。而多年之后，玻璃材料才取代了陶瓷。钠玻璃微溶于水，所以盛有水的玻璃会变得稀薄脆弱。公元前 1300 年，人们有了相应的解决办法，即用生石灰（氧化钙）代替苏打粉进行助熔。

古时的玻璃由于带有杂质钴和铜而呈现青色。加入锡可以制备无色的玻璃，加入铅和锑（另一种重金属）可以制备黄色的玻璃。一些亚述人的玻璃器皿由于添加了金而呈现红色，但是当时的玻璃工人如何做到的这一点依然是个谜团。

玻璃工具

黑曜石是一种在黏性的、缓慢流动的岩浆内部形成的黑色的火山玻璃。位于美国中部的阿兹特克和玛雅人用黑曜石来制作工具，他们可以把黑曜石制作成薄片，用来做锋利的刀片，这种刀片比其他任何石制的薄片都锋利。这种玻璃也十分坚硬，足以制成凿子。有些学者因此提出：玛雅文明之所以没有发展出先进的金属加工工艺，原因之一是这种基于玻璃的制作技术已相对成熟。

这是一个公元 4 世纪古埃及的碗，它是未经吹制而塑成的古代玻璃器皿。

7 古典元素

现代化学并不认为宇宙（至少我们能看到的部分）是由元素——一系列单一、纯净、不可分的物质组成的。元素这个概念起初不过是古希腊人们研究物质组成时的迷信猜想，现在却被几代化学家严格论证了它的存在。

水、火、土、气——这 4 个古典元素的提出并不是希腊的创举。巴比伦人、中国人、埃及人以及其他国家的人都认识到，自然的组分也许可以根据湿、干、热、硬、软等特征分类成简单的群组。当时的文化经常会将物质世界同精神世界联系起来，因此，这些基本的物质也被看作是超自然力量的体现。

古时的希腊人却不是这样想的。许多评论家认为希腊之所以在当时成为自然科学和哲学的中心，就是因为，与奥林匹斯山上争论不休的诸神们不同，在回答有关人类生存所带来的重大问题时，哲学家们是通过观察、证据和逻辑去解决问题的。

公元前 5 世纪，居住在西西里岛的哲学家恩培多克勒（Empedocles）创立了最基本的四元素说，这个学说影响了西方思想长达 2 200 年。恩培多克勒认为，爱的力量会促使所有的元素混合在一起，而冲突的力量会迫使它们分开，两者永恒的斗争便推动着自然世界不断地变化。

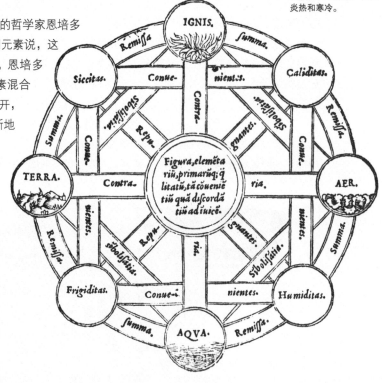

这幅 16 世纪的图表是古典元素学说曾在过去经久不衰的证明。除了水、火、空气、土壤，这个网格也展示出了它们的性质联系——潮湿、干旱、炎热和寒冷。

4 种体液

希腊的内科医生希波克拉底（Hippocrates）是现代医学的创始人物，与恩培多克勒处于同一个时代。他把对人类生理学的理解建立在截然不同的体液基础上。体液的概念与元素有相似之处：黑胆汁是土壤、黄胆汁是火、黏液是水，而血液是空气。人们相信，如果一种体液开始主导其他体液时，就会导致疾病。许多早期医学上的治疗，比如说放血，就是基于平衡体液的一种尝试。

8 电和磁

电磁学是现代化学的核心内容。它不仅与光的发射有关，也被用于全球导航以及计算机信息储存等领域。因此，如果得知我们对电磁学的理解来源于一块琥珀以及宙斯之子，这或许会令你非常震惊。

希腊语中的琥珀写作"electron"，它是现代英语单词的词根，如"电流"（electricity）和"电子"（electron）。琥珀是一种石化的松脂，对当时的希腊人来说，琥珀的意思是"能捕获阳光的透明的橙色石头"。公元前 4 世纪，希腊哲学家泰奥弗拉斯托斯（Theophrastus）写过一篇关于岩石与对应性质的摘要。这篇摘要存有关于琥珀的最早记录，里面提到的琥珀很不寻常，因为它能吸引质量轻的物体，比如羽毛或灰尘。摩擦一小块琥珀会使其带有少量的静电电荷，此时的琥珀就会表现出一定的吸引能力。就像小朋友摩擦的气球一样，能让气球粘在毛衣上，也能用它把长发吸引起来。虽然在两千多年之前，泰奥弗拉斯托斯并没有就这种现象给出任何解释，但正是基于这篇关与琥珀的文献，才有了现在电磁学里"电"的概念。

天然具有磁性的岩石被称为天然磁石。富含铁的矿物质在温热的地质过程中可以形成天然磁石。通过地球内部磁场的作用，铁原子会有序排列。一旦有序排列，铁原子累积的极性作用就会产生磁性。

辨识方向

就在希腊哲学家们研究天然磁石的同时，印度的外科医生也利用天然磁石来处理铁箭造成的伤口。然而中国人用自由浮动的磁石制成了世界上第一个罗盘指南针。公元 11 世纪，罗盘指南针成为了当时的航行指向工具，在那之前，它被用于风水和算命。

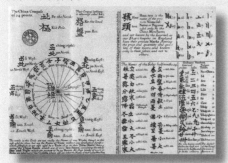

这是 18 世纪航行指南针对应的汉字图表。此时的指南针是一个浮在中心水面上的磁针。

磁性石头

泰奥弗拉斯托斯还提出磁性石头（magnitis lithos）不仅会相互吸引，还会产生同等程度的相互排斥现象。他所指的磁石是一种铁的氧化物，以其产地希腊中心的马格尼西亚州（Magnesia）命名，这个名字也是传说中此地的国王、宙斯之子的名字［现在镁（magnesium）和锰（manganese）的英文中都借用了他的名字］。尽管磁和电之间的本质联系直到 19 世纪才得到证实，但是从它开始，我们对物质的理解已经产生了质的转变。

9 原子论

"原子"这个单词的意思从过去到现在几乎相同。因此，你也许会对这样一个事实感到讶异：原子论是一个非常古老的理论。生活在2 400年前的希腊哲学家德谟克利特（Democritus）就是原子论最伟大的倡导者。他把物质看成是一系列不可分的在空间中不停地运动的小体。

虽然这尊塑像略显忧伤，但人们印象里的德谟克利特是一个笑容满面的哲学家。他性格开朗，没有目的和企图地看待这个世界。

德谟克利特提出的原子论学说曾回答了"自然如何一直变化却能保留其属性"的问题。他的前辈们曾提出变化只是一种幻觉。他们是这样描述的：物质的运动必须是从原点转移到另一个无物的位置上。那么如何解释"无"（nothing）可以变作"有"（thing）？物质在分割时，如何致使"无"占据原有的位置呢？

德谟克利特当时的认识并不完全正确，他认为宇宙是由3个同心球体区域组成的，最中心的是行星，行星的周围是天空，两者被最外层包含原子的无限的混沌世界所包围。

这些问题的答案对德谟克利特来说很简单，这也与他的导师留基伯（Leucippus of Miletus）所教导的相一致。他们认为，物质不可能被无限地分割下去，相反，所有的物质都是由微小的、不可分割的称为 átomos（希腊语，意思是"不可切割的东西"）的固体构成。他们还认为，自然界中的任何变化只是由于原子的重新排列造成的。德谟克利特还推断，原子并不是完全相同，而是保有各自的特征。这也就可以解释他在自然界中所看到的物质多样性：黏性或钩状的原子会聚集成固体，而光滑的、彼此流动而过的原子就会存在于风和水中。

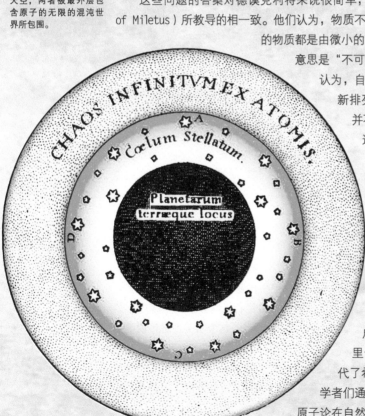

CHAOS INFINITVM EX ATOMIS.

Cœlum Stellatum.

Planetarum terræque locus

持久的理念

德谟克利特和同时代的人一样，并没有找到证据来支持自己的想法，所以只是通过单纯的推测形成了原子论。在之后的几十年里，亚里士多德（Aristotle）学派的宇宙观取代了希腊的原子论学说，但是2200年之后，学者们通过科学证据重新确立了德谟克利特的原子论在自然科学中的基石地位。

10　柏拉图多面体

柏拉图（Plato）是与德谟克利特（Democritus）同时代的哲学家，但并不是他的支持者。他当时反对混乱的原子论，甚至提倡应该烧掉德谟克利特（Democritus）的书籍。

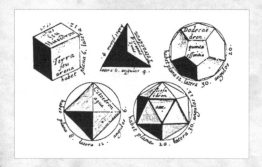

就像此前的毕达哥拉斯（Pythagoras）那样，柏拉图也认为自然界中唯一永恒不变的就是数学。他认为，元素必须符合一定的数字顺序和审美。柏拉图心中的元素以正多面体形式存在，并且只能是 5 种多面体，这就是通常所说的柏拉图多面体。土壤由立方体构成，火微粒由正四面体构成，空气由正八面体构成，而水由正二十面体构成。剩下的一种多面体是十二面体，柏拉图认为元素之间的空间就是由它构成的。

柏拉图根据固体的外形与元素特征之间的相互联系，将每种固体与某种元素一一对应。

11　佛教的原子学说

原子的概念并不只是局限在西方思想中。公元前4世纪时，印度的佛教哲学也在用同样的方式来描述元素。

印度佛教世界观里的四元素说与希腊文化里的四元素说大体相同。（不过，中国人那时认为有 5 种元素，即金、木、水、火、土。）在古印度，佛教徒们相信元素都是由微尘（paramânu）这种基本单元组成的。不同微尘具有不同的特性，比如运动的或是固定的。这些基本单元通过不同的结合方式造就了自然界的全部形态。

最早的 4 种脉轮在印度佛教中是以土为基础，随后分别是水、火和空气。

未来一瞥

梵文佛教里将单一的微尘与结合体区分开来，而结合体被描述为 "samghata paramânu"，它就类似于今天我们所理解的"分子"。在后来的发展中，佛教原子学说还提到了现在只存在于原子中的亚结构单元，这是对亚原子微粒非常早期的一种描绘。

脉轮（chakras）

根据许多东方哲学家的说法，脉轮就是贯穿整个人体的能量中心。"chakras"是梵文，意思是"轮子"。脉轮将物质世界和精神世界联系在一起。

12 以太——亚里士多德的第五种元素

作为柏拉图的得意门生，亚里士多德（Aristotle）一直是最具影响力的思想家之一。他的宇宙观影响了世人将近2000年之久。他的理论核心是五元素说，而非四元素说。

在公元前4世纪中期，亚里士多德在阿卡德米学院上学，那是柏拉图（Plato）创办的学校，它位于雅典城墙以外的橄榄园里。在那时，亚里士多德应该是听到了老师谈论以太——填满元素间隙的物质。柏拉图曾说，以太一直都存在，虽然人们看不见它，但它对于区分物质和虚空来说很重要。在老师提出这个观点后，亚里士多德对此进行了仔细研究，并且发展了以太是第五种元素的说法。

合并思路

几个世纪以来，人们赞颂亚里士多德是"向人类解释宇宙的人"，但是他一直没有找到系统性的证据来支持他的观点，这在现代人看来十分费解。不过，他的理论是基于对自然物质和相应现象的观察而形成的。他以4种古典元素（即水、火、土、气）的形态和特性为基础建立了一个功能性十分完整的宇宙模型假说，在这个假说下，地球和人类安然地处于宇宙的最中心。

亚里士多德相信，自然中所看到的物质是由4种古典元素以不同的比例组合而成的，而热、干、冷、湿等的特性就是这些物质存在的证据。从密闭燃烧的木头中跑出来的烟是空气，加热松脂时产生的汁是水，而留下的灰尘就是土，火焰理所当然就是火。流动的熔岩是水、火、土的结合体，打火石擦出的火花就是从较重的土里逸出来的重量较轻的火。

阿特拉斯（atlas）是希腊神话中负责支撑天空的神，此图中他撑起亚里士多德所述的宇宙。尽管它的沉重毋庸置疑，但是与人们现在所认识的宇宙相比，亚里士多德的宇宙还算是轻些的。

对以太的反证

光在真空中是怎样传播的？对于这个问题，一种说法是光通过无处不在的以太作为介质进行传播。1887 年设计的迈克尔逊－莫雷（Michelson-Morley）实验是为了验证当地球在以太中运行时，光束的传播速度会略有减慢。然而，实验结果证明光速并未减慢，反而证明了以太并不存在。

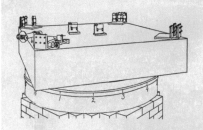

在这个非常著名的失败的实验中，科学工作者通过分割再重组的光束来检测光速的差异。

单层

亚里士多德推测，自然事件发生的驱动力就是元素各自想分离成它们单纯形式的欲望。当时，土是最基本、最重的元素，所以沉在了别的元素下面形成了陆地和海底。其次是水层，然后是空气层，最后是火层。地球上剧烈的自然现象，比如地震、火山爆发、狂风暴雨等，它们都为元素设法回到各自应有位置的推断提供了进一步的证据。

在亚里士多德的宇宙观里，4 个古典元素各自趋向形成 4 个纯粹的球层，正是这 4 个球层形成了地球上的人类世界。4 个球层的范围延伸至月球，再往外便是太阳和当时已知的围绕地球运转的五大行星，而这一切都被最外层的包含星星的晶体球包围。宇宙中比月球还要遥远的天空，就是亚里士多德认为的以太的位置所在。以太是人类无法到达和感知的区域，它没有混合其他低处的元素。至少在亚里士多德眼中，这些可以根据以太不变的性质而得到证明。以太（ether）这个词来源于希腊语，是透明和纯洁的意思。反过来，英文单词"quintessential"是纯净、完美的意思［词根来自拉丁语的"第五"（quintus）］，它也来源于以太——4 个古典元素以外第五个最纯净的空间。令人惊讶的是，1905 年爱因斯坦狭义相对论解释宇宙运转规律时，摒弃了这种无形的、无处不在的以太的存在。

上帝启示的真理

亚里士多德的理论早于基督教的传播，被当时教会领导者们接受，认为是上帝启示的真理。亚里士多德的宇宙观解答了许多圣经中没有涉及的问题，与此同时并没有反驳正统的教义。然而，在 16 世纪初，反驳亚里士多德理论的一些证据开始积聚，教会也发现自己的理论与许多非常优秀的科学家的看法并不一致，而这些科学家实际挑战的是希腊哲学而非基督教的教义。1991 年，罗马教廷终于宣布摒弃亚里士多德的以地球为中心的宇宙观学说。

亚里士多德身着蓝衣，位于拉斐尔的壁画作品《雅典学校》（1511 年）的中央。这幅作品目前装饰在梵蒂冈的教皇宫殿内。

从黑暗时代到中世纪（公元 0 年—公元 1600 年）

13 黑魔法——炼金术的诞生

化学科学起源于炼金术的出现。炼金术士既是医生，又是发明家，也是巫师，但最重要的是，炼金术士开启了对物质本质的深入研究。

"炼金术（alchemy）"这个词并不是被创造出来的，而是从混沌不清的概念中演化而来。Alchemy 这个词是希腊化学术语 chemia 的阿拉伯语表示方式，在阿拉伯语中，"al-"相当于英语中的定冠词"the"。"chemia"一词的起源也并不确切，对于这个词恰当的解释可能是多个希腊词汇混合体的变式，但最权威的解释是，这个词实际是指埃及的土地。古埃及人把他们肥沃的土地称为"Khmi"，意思是"黑土地"。那么现在，就让我们开始讲述这个发生在尼罗河口亚历山大地区有关炼金术的故事。

这幅 17 世纪的荷兰油画可以表明，炼金术是一项以实践为主的工作，比起理论，它更注重试验和试错。

默林，一名术士

在西方文化中，炼金术士被奉为神圣的术士和魔法师。其中最著名的一位就是默林（Merlin），他是金·亚瑟的导师。

亚历山大这座城市，是为纪念亚里士多德（Aristotle）最著名的学生——亚历山大大帝（Alexander the Great）创建和命名的，年仅 20 岁的他就开始了争霸世界的征程。当时，这个宏大的港口城市取代了雅典，成为了古典时代后期的学术中心（直至公元 300 年）。

虽然绝大部分亚历山大炼金术士的姓名并不为人知晓，但我们知道的是，他们在当时有着各自不同的造诣。有些炼金术士是工匠，擅长金属加工；有些则是药剂师，制备具有疗效的药剂。然而，更多的炼金术士是原始的神秘主义者。毫无疑问，他们受到了当时形而上学理论的影响，比如希腊的占星术，以及中国和波斯的某些学说。他们在不断地寻找可以控制亚里士多德所描绘的四元素的方法，并在这个过程中尝试获得财富以及力量。

无论其动机为何，一代又一代的炼金术士们发展了实用的技能和相关的设备。他们学会了如何提取液体，并检验其纯度；也学会了如何通过升华得到蒸汽、如何镀金，以及如何使用染料。所有这些技能以及更多的相关知识，都会在将来的某一天被科学家们利用，来揭示出元素的真实性质。

14 神秘的知识：查比尔的胡言乱语

知识就是力量，而炼金术就是黑暗时代的高科技。一个伊斯兰炼金术士可以极好地隐藏他的发现，以致于他的著作需要用一套新的词汇来重新进行解读。

在西方的文献记录中，查比尔（Jabir）的名字常以拉丁文形式出现——格柏（Geber）。

公元 5 世纪，罗马帝国没落之后，欧洲陷入了黑暗时代。欧洲的学术中心向东发展，扩展到了伊斯兰帝国。查比尔·伊本·海扬（Jabir ibn Hayyani）是 8 世纪波斯炼金术士的领导人物，他是亚里士多德提出的"元素可以相互转变"这一学说的信奉者。查比尔提出了汞－硫理论，他认为，硫是元素"土"，可以转化为元素"火"；汞接近于元素"水"，可以转化为"气"。他相信，金属是由硫和汞混合而成的，一种金属转变为另一种金属，比如由铜转变为金，仅仅是组成它们的硫和汞的比例发生了改变。或许是因为不想让外人知道他的发现，又或许是他认为创建新的语言是记录实验的需求，查比尔的实验记录中使用了大量神秘的隐语，这些隐语，我们通常用另一个词来描述——胡言乱语（gibberish）！

15 实用性法术

虽然炼金术从来没有脱离超自然的灵异色彩，但是它确实对人类文明有重大影响，存在负面影响，也存在正面影响。在制作香水、高品质瓷器甚至巧克力酱的工艺发展上，我们都要感谢炼金术士。

相传 14 世纪，德国炼金术士伯特霍尔德·施瓦茨（Berthold Schwarz）也曾独立发明了火药。

炼金术的很多重大发现，是炼金过程中的意外收获，而这些发现与炼金术士原本的目的并不一致。就像 9 世纪时候，中国人发明了火药一样，其目的也并不是为了寻找爆炸的方法。他们认为将硝石、硫磺和一些草药混合形成的药物可能有益于人体健康，但当他们试图用此方法制成一种暖性的药物时，却发现这些成分混合后可以形成具有爆炸力的药物。而这个发现对战争的方式造成了永久性的改变。

玛丽（Mary）是亚历山大时代的一位鲜为人知的犹太女炼金术士，她留下的记录中有很多饶有趣味的内容。她之所以被人知晓，是因为在公元 100—400 年间，很多炼金术士的作品中都引用了她的记录。其中，影响最持久的贡献，是她发明了一个对挥发性固体进行水浴加热的装置，这个装置可以缓慢、均匀地加热固体，从而避免使其燃烧。这个装置叫作"双重水浴锅"（法语译为"玛丽浴"[5]），今天我们仍然用它融化巧克力或者准备制作焦糖布丁的原料。

炼金术的英文写法与神使赫尔墨斯的名字写法相似[6]，所以人们对这个与文学人物同名的领域给予了更多关注。比起炼金术，一个曾在学术界（基督教诞生前）引起重视的化合物显得微不足道。炼金术记载的神秘文字，常常比一个真实的人的预言更具说服力，它被认为是出自神使赫尔墨斯之手，并被称作"Hermitic Corpus"（赫尔墨斯语料库，也可以理解成炼金术的专业词库）。活跃在昔兰尼和呼罗珊[7]两地之间的炼金术士，对这个专业词库的使用更是长达几个世纪。然而，其中的记录中唯一对后世具有持续性贡献的就是"密封"的方法。在炼金术中，"密封"最初指的是将玻璃容器密封的神秘方法。对此种方法的记录无疑只是寥寥几语，人们猜测它可能涉及蜡封。如今利用高科技或是其他手段，任何东西都可以成为密封的对象，比如可对一个半

---

⑤ 译者注：玛丽浴的英文是"bain-marie"，是一套含有大小两个水浴锅的装置，其中大锅用于盛放热水，小锅用于加热所需物质，比如药品或是食物。
⑥ 译者注：炼金术的形容词英文为"Hermetic"，赫尔墨斯的英文则是"Hermes"。
⑦ 译者注：昔兰尼（Cyrene）是利比亚的著名的古城，位于现今的利比亚东部。呼罗珊 (Khorasan) 则是如今伊朗东部及北部的一个古地区名。

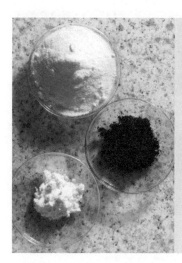

3 种粉末混合

火药的成分有硝石（硝酸钾的俗称）、木炭（或多或少含有一些碳元素）和硫磺。将这 3 种成分研磨并充分混合就可以制成火药。其中，硝石在反应中可以提供额外的氧气，这导致炸药可以迅速燃烧，释放气体形成瞬间高压然后使其爆炸。

硝酸钾（上部）、木炭（右下）和硫磺（左下）按所需比例混合就能够制成炸药。

导体无尘室的大门或是一个泡菜坛子进行密封。

伊斯兰炼金术的影响

伊斯兰教的教义认为学习与研究具有特殊的重要意义。这也许就是阿拉伯炼金术较少地使用神秘咒语，而更多专注于记录研究过程和结果的原因。

拉齐(al-Razi)是 9 世纪时一个富有并受过教育的波斯人，来自德黑兰山区。在将炼金术推向现代化的进程中，他的贡献大于绝大多数炼金术士。他跟随早期的亚历山大学派，特别是索西莫斯（Zosimos）学习，他利用当时阿拉伯帝国可获取的大量素材进行研究，并将学到的知识进行推广。他将矿物质分为了机体物质（有延展性的金属）、烈性物质（水银、硫磺以及其他易挥发的物质）、盐类物质、硫酸类物质（含硫的物质）、硼砂和岩石（通常指硬脆性岩石形成的矿物质）等类别。

阿拉伯遗产

化学科学中的个别专业词汇来源于伊斯兰炼金术并且沿用至今。比如滑石（talc）、雄黄 (realgar)、朱砂（cinnabar），以及砷（arsenic），这些物质的英文名称都是来自阿拉伯语或者波斯语。拉齐一个人就曾使用过其中两个我们最熟悉的外来词语——酒精（alcohol）和碱（alkali）。酒精一词的词源是 "kuhl"，在拉齐的术语中是指用于传统眼部妆容的暗色 "精神物质"。当酒精从葡萄酒中蒸馏出来时，本质上，这些酒精依旧属于 "精神物质" 的类别。蒸馏出的酒精可用来溶解植物精油，这使得一些穆斯林城市成为了世界香水产业的中心，比如开罗，以及后来的伊斯坦布尔。碱这个词来自阿拉伯语 "al qaliy"，是指草木灰和石灰（氢氧化钙）的混合物。拉齐在描述如何把草碱（碳酸钾）转化为具有腐蚀性的 "犀利液"（sharp water，实际指氢氧化钾溶液）时使用了这个词，这种腐蚀性的 "犀利液" 甚至可以使岩石消融。

蓝色瓷砖是 1000 年前非常经典的伊斯兰艺术品。蓝色的染料中含有在波斯开采的钴盐。这种含钴盐的染料远近闻名，应用也十分广泛：它被中国用于制作精美的瓷器，也被欧洲用于生产华丽的蓝色玻璃。

16 新的尝试

la putrefaction

Ci apres est la fomme dela separation de leaue et coment se doit distiller. diss fois

Ci apres est la figure de leputration des elemens et de leur fusion et saches que ses iij figures suffisent atout le mistere

曾在学术方面大有作为的伊斯兰世界，随着四面树敌的战争，开始逐渐分裂并失去了影响力。到了公元10世纪，欧洲的研究者们也开始研究物质的化学性质。

罗杰·培根是首批公认的科学家之一，死后被人誉为"奇异的博士"（Doctor Mirabilis，Mirabilis是拉丁文"神奇"的意思）。这个称谓与那些会被淡忘在漫画书中的称谓不同，它是为了让人们记住培根留给后人的知识是多么精彩。

十字军东征时从巴勒斯坦带回了查比尔（Jabir）、拉齐（al-Razi）以及其他伊斯兰世界研究者的成果，有些成果在他们夺回伊比利亚半岛时被夺取。总之，这些研究成果最终汇集到了欧洲的修道院内，那里正聚集着一群文化程度较高的知识分子。

质疑的观点

在欧洲的修道院或是正处于萌芽阶段的大学校园里，人们不断积累的丰富知识最终导致了一种新型学科的建立，那就是经院哲学。经院哲学的知识根据其来源的权威性被系统地进行了划分，也加入了某些可以支持圣经思想的亚里士多德的成果。其中，最有影响力的学者是德国的修道士阿尔伯图斯·马格努斯（Albertus Magnus），他在当时是研究亚里士多德著作的专家。1270年，罗马教会的领导者对亚里士多德的自然哲学观和元素的相关理论进行了谴责，这致使阿尔伯图斯对亚里士多德的评论比以往更受关注。与此前的德黑兰哲学家肯迪（al-Kindi）一样，阿尔伯图斯也对亚里士多德预测的理论，即一种元素能完全转化成另一种元素产生了怀疑。他也对此前的大部分炼金术士所研究出的结果保持怀疑的态度，并且发表了一些自己

这幅14世纪的图片展现的是蒸馏的过程，混和溶液可通过蒸馏分离为相对较纯的样品。 比如从酒精的水溶液中提取酒精时，需要加热至一定温度，但并不使其沸腾，用另一装置收集到的蒸汽就是纯净的酒精。

的研究结果。在他的记录里提到了"烈油"（oil of fortis，如今的硝酸），他认为这是一种非常强效的液体，甚至可以溶解金属银。他还说到溶解后的溶液可以使自己的皮肤变黑（这是因为其中含有硝酸银。硝酸银对光十分敏感，曾用于早期胶片的显像）。

材料的发展

罗杰·培根（Roger Bacon）是与阿尔伯图斯同时期的英国哲学家。最初，他遵循传统的学术模式，也曾是当时的一些德国学术成果的重要支持者。但在 13 世纪 50 年代，他改变了最初的看法，质疑当时"权威理论必定优于实践证据"的思想。他说："如果让一个从没有见过火的人用精彩的论断去证明火可以燃烧，他的听众必然会感到不满。只有当他们亲身接触火时，才会去躲避，才会通过实践了解那些所谓的理论究竟在说些什么。"

由此，培根的做法引领着欧洲的炼金术士们踏上了更为严谨的科学之路，当然，他们还有很长的路要走。

是圣人，也是科学家

阿尔伯图斯出生在巴伐利亚的一个贵族家庭，鉴于他在科学上的贡献，罗杰·培根以"马格努斯"作为他的名字，意为"伟大"（尽管阿尔伯图斯的身高只有 1.5 米左右）。阿尔伯图斯在 1260 年成为了主教，在他逝世后，1931 年被追封为"圣人"。所以，如今我们应称其为"圣阿尔伯图斯·玛格努斯"（St. Albertus Magnus），他被认为是化学家的守护之神。

这位身着红衣主教长袍的便是圣阿尔伯图斯，他手边的书是亚里士多德的作品。

17 石蕊测试

在中世纪的欧洲，对酸的研究属于炼金术研究的前沿内容。在1300年，人们不仅了解到黄金在酸的面前不再坚不可摧，还发现了一种全新的证明酸的强度的测试方法。

事实上在几千年前，人们就已经知晓了一些有机弱酸，比如醋或橙汁。但是到 13 世纪时，欧洲的炼金术士又从矿物中获得了更强的酸。他们最为感兴趣的是矾石油（如今的硫酸）以及烈油（如今的硝酸）。其中硝酸是王水的原料之一[8]，王水有一种非常奇妙的性质，即它可以溶解黄金。西班牙加泰罗尼亚的炼金术士阿纳杜斯·维拉·诺娃（Arnaldus de Villa Nova）还发明了一种可以检验酸的存在及其强度的新方法。他发现，一种从植物中提取的紫色染料遇到酸的时候会变成红色，酸性越强，红色越深。这种染料遇到碱还可以变为蓝色。它就是第一个酸碱指示剂——石蕊。

⑧ 译者注：王水，（aqua rejia 或是 royal water）是盐酸和硝酸（通常比例为 3∶1）的混合酸。

18 巫师与巫术

中世纪欧洲的生活实际上较为严酷，那里的大部分人都面临着持续病痛、突发早亡的可能。面对这些问题，公众舆论把焦点集中在了炼金术士们的身上。

炼金术最核心的内容是把亚里士多德那些权威的教义付诸实践，即寻求一种转化元素的方法。这样的目的很快转化出了另一种潜在的动机，就是把便宜的"废"料转化为贵重的金和银。对这个领域的研究发展了将近 2000 年，它也为现代化学奠定了直接的基础。然而，在炼金术向现代化学转变的很长一段时间里，中世纪欧洲的人民开始越来越怀疑炼金术士的工作成果，甚至产生了害怕与敌意的态度。

这些炼金术士正在忙着收集药剂，也就是可以治愈所有病痛甚至可以使饮者长生不老的生命之水。这些炼金术的药剂中很有可能含有较高浓度的易挥发物质（或是酒精）。直到今日，欧洲一些地区本土的杜松子酒和其他的蒸馏饮料都被认为是一种生命之水。

奇迹的"创造者"

在炼金术发展的中后期，大多数炼金术士都认为"炼金"成功的关键就是寻找阿拉伯先驱者口中的"伊克西尔"（al iksir）——一种可以把普通的金属变成黄金的神奇物质。那些认为这种物质是固体的炼金术士把它称为"哲人石"（philosopher's stone），而那些认为是液体的炼金术士称它为"万寿剂"（elixir）。一些想发家的人借此欺骗大众，同时也败坏了炼金术士的名声。

炼金术士们还声称，这种神奇的石头或药剂不仅可以带给它的主人惊人的财富，还可以使生命永恒不朽。由此，万寿剂化名为"aqua vitae"（生命之水）或是"panacea"（希腊一位女神的名字，意为"万能"）并开始在民间流传。

需要奇迹

在中世纪，生命短暂而残酷。14 世纪中叶，黑死病至少致使欧洲 1/3 的人口死亡。为了应对黑死病，

图中是一个炼金术士的工作室，类似于实验室，这里摆放着经常使用的仪器。右下角可以看到一些炼金术的符号，它们后来也发展成为现代化学符号。

取缔炼金术

英格兰的亨利四世在 1040 年的"反对 Multipliers（一种长生不老药或哲人石的提炼过程）行动"中明令禁止炼金术的传播。这一法令一方面使人们避免上当受骗，另一方面也确保不会有人比他更加富有而对他的地位造成威胁。然而他的子孙并没有因此而避免内战，也许是为了获取一些利益，他为炼金术士提供了一些临时许可证。然而，炼金术还是被持续禁止了 250 年之久。

一些炼金术士提供了所谓的治愈方法——这对于那些绝望或者将死之人是一个难以抵抗的诱惑。但是毫无疑问，炼金术的药剂只会增加病人的痛苦，而无其他效果。就这样，炼金术士变得更加声名狼藉。普通民众并没有意识到罗吉尔·培根（Roger Bacon）和阿尔伯图斯（Albertus）等人对炼金术的评论。他们听从牧师的劝告，认为那些所谓的法术都在反对上帝。因此，炼金术神秘的行为逐渐成为了融有当地异教传统并与恶魔有关的行径。炼金术士逐渐沦为巫师，被人畏惧、摒弃甚至毁灭。

19 金属的性质

当炼金术沦为声名狼藉的巫术后，人们需要用更实用的方法去解决问题。此时，一位德国医师建立了新的研究规范。

当快速致富的炼金术成为历史后，人们将重点转移到可利用的矿物，尤其在金属矿物的大规模采集上。1556年，来自一个矿业小镇（也就是如今的捷克共和国）的医师格奥尔格·阿格里科拉（Georgius Agricola，又名Georg Pawer）出版了一本名叫《矿冶全书》（又名《金属的性质》）的矿物学纲要。在此书中，他以 Agricola[9]为笔名。这本书发表在 16 世纪，它以纲要的形式叙述了如何采矿、选矿以及最新的采矿和冶炼技术。阿格里科拉的书当时并不是唯一的技术手册，但 200 年后人们仍在使用它的副本，这足以证明它的意义非凡。

[9] 译者注：拉丁文的意思为农民，与德语"Pawer"是相同的意思。

《矿冶全书》中，作者就"如何通过水轮运作矿井"给出了建议。例如怎样通过轴轮提油，或是如何操作精炼厂的风箱。

启蒙运动（1600—1800）

20 磁体的描摹

1543年，尼古拉·哥白尼（Nicolaus copernicus）提出"地球围绕太阳做轨道运动"的论断，这打破了亚里士多德（Aristotle）的宇宙学说。科学家们开始对此论断进行研究，并通过观察解决了诸多谜团。而威廉·吉尔伯特（William Gilbert）把他的注意力转移到了地球本身。

像本书中很多科学工作者一样，英国科学家威廉·吉尔伯特的职业生涯也是多样的。他曾做过高校管理者、天文学家以及女王伊丽莎白一世的私人医生。然而，他却以"电学之父"被人们所铭记。"电"（electricity）这个词据说是吉尔伯特在研究类似于琥珀（希腊文：elektron）摩擦后产生吸引的现象时首先创造出来的。

英国科学家威廉·吉尔伯特 1600 年的代表作全名是《论磁性、磁体以及巨大的磁体 —— 地球》（Magnete, Magneticisque Corporibus, et de Magno Magnete Tellure）。这本书中，他配备了关于地球磁体模型实验的插图。

磁石论

然而，吉尔伯特的代表作（主要作品）是发表于 1600 年的《磁石论》（De Magnete）。在这本著作中，

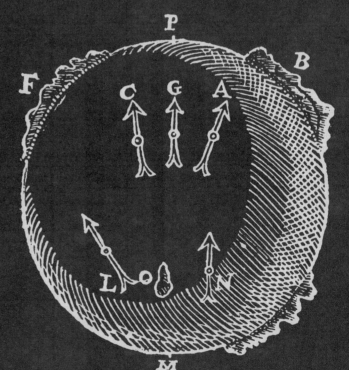

他认为我们整个的地球是一个巨大的磁体。就像磁铁相反的两极可以相互吸引一样，指南针的指针就是通过吸引作用而指向地球的两极，从而指明了南北方向。吉尔伯特用一个天然磁石雕刻的微型地球模型证明了这个事实，他证实了放在模型上面的指南针的反应与在地球上使用时是一样的。

吉尔伯特是第一个正确提出在地球岩石表面一定含有大量磁铁矿的学者。他在磁性作用方面的研究促使人们开始对将元素组合在一起的作用力进行探究。

21 弗朗西斯·培根的新方法

当自然哲学家（还不完全是科学家）开始为理解宇宙的运作积攒实践素材时，一位英国的律师却提出了一类新的研究方法，而他的体系也成为研究宇宙最早的科学方法。

弗朗西斯·培根的著作《新工具论》书名来源于亚里士多德逻辑著作《工具论》。

首席律师

在英国和一些英联邦国家（前大英帝国），最资深的律师会被任命为女王的顾问，称其为QCs（Queen's Counsel的缩写，当君主是男性时用KC）。1597年，弗朗西斯·培根成为第一任顾问，这个职位在很大程度上是对错过晋升更高职位的一种补偿。

与其说弗朗西斯·培根（Francis Bacon）是一个实践研究者，倒不如说他是一个有想法的人。他拥有一个多变的职业生涯，曾做过律师（出庭律师）、政治家，担任过伊丽莎白一世的朝臣，也曾是1603年她的继承人詹姆斯一世的朝臣。在他年老时，培根从人生辉煌沦落到人生谷底，1621年他因金融腐败而被控告，被囚禁在伦敦塔中，在公众的视线之外度过了他生命的最后几年。在他死后，曾有过他就是女王所爱之人的传言。

如今，培根被世人记住的是他对科学的无价贡献。1620年，他出版了《新工具论》（*Nova Organum Scientiarum*，一种新的科学工具）。在这本书中，他概括了一种新的逻辑方法，他认为这种方法使用起来比亚里士多德的方法更加有效。首先，培根尽可能使用最简单的术语进行描述，从而减少了纷繁的描述所带来的问题。接着，他建议取消亚里士多德和其他希腊哲学家设定的"三段论"。三段论是通过结合此前设定的两个前提（或假设）来进行逻辑推演的。例如，前提一：所有的人都会死亡；前提二：弗朗西斯·培根是一个人；由此推理出：弗朗西斯·培根会死亡。因此只要前提是正确的，演绎就会顺利进行，但如果有一个错误，就会导致接下来一连串的错误。培根建议用归纳法来代替。这种方法针对观察的现象提出相应的解释。不像三段演绎法，一个命题不会自动地被认为是正确的，必须通过一个测试或实验证明它的正误。培根的研究方法对此后即将开始的科学革命有巨大的影响力与号召力。

22 罗伯特·波义耳：《怀疑派的化学家》

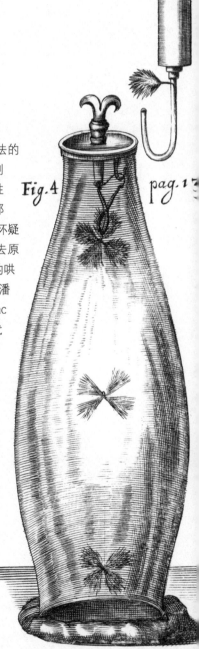

罗伯特·波义耳的《怀疑派的化学家》的标题页

新的科学方法的产生，使化学这一自然科学终于走出了炼金术的阴影，呈现在人们面前。在这个过程中，有一位学者对气体性质进行了系统性的实验，成为了现代化学的先驱者。

弗朗西斯·培根（Francis Bacon）发表有关科学方法的开创性作品的同年，罗伯特·波义耳（Robert Boyle）刚刚出生。如果要选出一个科学界的代表，告诉我们系统性的研究方法究竟可以给化学这门学科带来怎样的成就，那就是波义耳。1661 年，波义耳发表了自己的作品——《怀疑派的化学家》（*The Sceptical Chymist*），通过指出过去原本合理思考中的一些矛盾和错误，消除了炼金术中存在的哄骗与迷信。波义耳以及同时代的科学家，比如丹尼斯·帕潘（Denis Papin）、罗伯特·胡克（Robert Hooke），甚至艾萨克·牛顿（Isaac Newton），他们的作品为新科学的产生做出了重要的贡献。这门新科学逐渐代替了过去的炼金术，它就是化学，一门对自然界的物质进行严格的科学性的研究的科学。

尽管波义耳对元素的观点与当时很多科学家的观点一致，即组成自然界的元素多于 4 种，但他仍然相信物质可以相互转化，也在不停地寻找将铁变为金的方法。但是，他对物质的转化受超自然力量影响的观点提出质疑，并且强烈认为与其他的自然现象一样，人们也可对物质的嬗变进行严谨的科学研究。（当然在 250 年之后，人们通过放射作用发现嬗变确实有可能发生，尽管这与波义耳所料想的嬗变方法十分不同。）

真空泵实验

罗伯特·波义耳是一位爱尔兰伯爵的儿子，他的父亲在他童年和青年时期为他提供了良好的教育。然而在 1640 年，英国内战使他的皇室家庭生活变得更加艰难。尽管如此，他还是相当富有的，虽然不是富可敌国，但

Plate the VII.

Fig. 3 pag. 139

这是波义耳在空气和真空中进行实验的装置图，我们可以看到为了这个实验而制作的密封的玻璃器皿。图的左边展示了在真空环境中羽毛的下落实验。

Fig. 2 pag. 132.

他的积蓄依然能够使他在伦敦创建一个实验室。

波义耳雇佣了罗伯特·胡克做他的助手，并让他建造一个真空泵。它类似于不久之前由德国的奥托·冯·格里克（Otto von Guericke）发明的真空泵，这个泵可以抽走任何容器里面的空气，制造出一个真空环境。

（这位年轻的胡克，注定将在科学领域展开他的职业生涯。他对科学的贡献包括：发现并命名了生物细胞，以及为人们所熟知的胡克弹性定律。）

与 17 世纪大部分的科学家一样，波义耳认为空气是一种纯净物。（当然，现在我们知道空气是各种气体的混合物。）他早期的实验表明，声音可以在真空中传播，但是火焰离开空气却不能燃烧，动物和植物离开空气也无法生存。

真空实验让波义耳获得了"波义耳定律"，这也是他最为著名的发现。该定律表明：气体的压强与体积成反比，压缩一定量体积的气体会使它的压强增大。这也许是一个非常直观的事实，但是作为描述气体性质的一个定律，它为未来的原子理论垫定了基础。

这是罗伯特·波义耳（右）和他的助手丹尼斯·帕潘。两人身后的装置是一类非常经典的球形真空泵。

空气的性质

罗伯特·波义耳提出了空气是由微粒组成的，这些微粒是朝各个方向运动的微小单元，相互反弹并向外扩散，直至它们碰撞到容器壁。凡是拥有这样性质的任何物质都被认为是空气[10]。然而，波义耳注意到气体也有不同性质。例如，从放入无机酸的金属上冒出的气体在蜡烛上会燃烧，而很显然的是，在一般情况下，蜡烛不会点燃空气。波义耳把这个差别归因于样品的纯度。他认为室内的空气并不纯净，而从金属里释放的气体（它其实是氢气）是纯净的。当时，不纯净的空气被认为是产生疾病的罪魁祸首。虽然波义耳是一个体弱多病的人，但导致他体弱多病的一个更令人信服的原因是，他会习惯性地品尝所研究的每种物质。

[10] 译者注：当时常用空气（air）来形容气体，而现在的气体（gas）在当时并不常用。

隐形的学会

学者们经常聚集在一起，讨论他们的工作以及帮助其他人解决问题。在这些学者中，罗伯特·波义耳是一位关键人物。但是，在后来为传播知识而建立的科学学会中，波义耳所在的研究组总是秘密地进行讨论。毕竟，长久以来炼金术隐匿的习惯是很难被改掉的。

23 磷——发光的物质

17世纪以前，元素这一概念自希腊人提出后一直没有太大的改变。直到炼金术的晚期，一位炼金术士在探索的过程中发现了一个相当惊人的现象。

现代化学已经表明，在地球上大约有 90 多种天然存在的元素。对于人们非常熟悉的许多元素，比如金、铜或硫，我们并不知道它们的发现过程及命名者。然而，德国西北部汉堡的玻璃制造商和炼金术士亨尼格·布兰德（Hennig Brand）在 1669 年发现了磷元素，成为了历史上可追溯的发现新元素并留下了自己姓名的第一人。

神秘发光

当然，布兰德那时并不知道他得到的东西是什么。很多比较早期的学者，比如帕拉塞尔苏斯（Paracelsus），在 16 世纪提出过硫、汞和盐是在材料形成过程中起重要作用的原始物质，而不是水、火、土、气这 4 种经典元素。罗伯特·波义耳（Robert Boyle）虽然反对帕拉塞尔苏斯令人费解的理论，但他赞同自然界中的元素绝不仅有 4 种，并相信科学迟早会证明他的观点。

人们对亨尼格·布兰德的个人生活和事业了解得并不多，所以我们不能确定他那时是否熟悉这些尖锐的争论。我们只知道他把一大缸人的尿液进行长时间的蒸馏，最终仅仅

布兰德烧瓶里发出来的光是由磷和空气中的氧气反应产生的。罗伯特·波义耳发现当把磷封存在烧瓶里燃烧时，光不久就会熄灭（因为氧气耗尽了）。

得到一小块到了晚上会发光的沉淀物。不论布兰德当时的学术成就如何，很难想象当发现这一现象时，他会作何感想。我们只能猜想，作为炼金术士的他一定认为这种白色的会发光的物质就是人们所寻找的"哲人石"，他将其称为"神奇的磷"（phosphorus mirabilis）。

获得元素的配方

布兰德把这一神奇发现的配方公开发表。他用1000升（264加仑）的尿液合成了不到100克（3.5盎司）的磷。首先，他让尿液腐坏变臭，然后再煮沸成黏稠状，蒸馏后得到红色的油，剩下的部分成了黑色的多孔物和白色的盐。之后，他扔掉那些盐，把红色的油和孔状物质混合在一起加热16小时。他可能希望看见金子⑪，所以又把蒸出的雾气过水处理。然而他却得到了磷。（实际上，尿液富含磷酸盐，磷酸盐是磷和氧的化合物。）现代分析法显示，如果用白色的盐来做接下来的实验，他将会得到更多的磷，而且他也没有必要把尿液放至腐坏，新鲜的尿液效果会更好。

⑪ 译者注：关于布兰德蒸馏尿液的实验，有一种说法是因为人体的尿液呈黄色，布兰德认为尿液实际是人体内相当于黄金的物质，因此才希望通过这个实验获得人体的终极"黄金"。

磷和金星

"磷"（phosphous）这个名字最初是古希腊语，意思是带来黎明的晨星。"昏星"，在当时是晨星的兄弟，也是一个完全独立的星球。现在人们知道，这两颗星都是后来的"金星"。之所以金星在天空中非常明亮，是因为它的外面存在着厚密的大气层，有利于光的反射。在附着的大气下层，这个灼热的星球遍布着恐怖的酸雨以及雪样的金属。

24 金属产量的增加

1689年，正当罗伯特·波义耳（Robert Boyle）支持英国国会废除炼金术的禁令时，艾萨克·牛顿（Isaac Newton）却对这一法令表示怀疑。他认为这位老朋友已经快要找到生产更多黄金的方法了。

光荣革命（Glorious Revolution）是一场未曾流血的政变，在这场政变后，詹姆斯二世的女儿玛丽和她的丈夫威廉（一个荷兰贵族）夺得了英国王位。光荣革命的第二年，即1689年，皇室通过了皇家矿业法案（the Mines Royal Act）。法案废除了对炼金术的控制，结束了皇室对矿业的垄断，这使得任何人都可以不受干涉地采掘一般的金属矿物。对此，牛顿产生了极大的兴趣。（不过，如果有人发现金、银等贵重矿物时，这些矿物就会归皇室所有。）由此，金属工业迅速发展起来，其中铁和黄铜（锌和铜的合金）的工业发展最快，相关技术的发展也促使了仅仅几十年以后的工业革命（the Industrial Revolution）。

最终证明，牛顿对波义耳不止一次的质疑是错误的。然而，根据哲学家约翰·洛克（John Locke）所说，波义耳在临死之前确实将一种神秘的红色土壤交给牛顿，并称这种土壤可以使汞变为黄金。结果到底如何，我们就无从考证了。

25 一场大火

1660年，伦敦皇家学会成为了世界上第一个致力于科学研究的官方组织。具有讽刺意味的是，6年后当伦敦被烧毁后，学会的会议室也险些不复存在，然而当时学会成员中还没有人能解释火到底是什么。

在古典说法里，火是一种物质，只有当火从混合体系中被释放出来，人们才可以看到它。帕拉塞尔苏斯（Paracelsus）进一步发扬了这种说法，他认为事物之所以可以燃烧，比如17世纪60年代伦敦的木质房子着火，是因为其中富含硫磺的缘故。另外，在物质燃烧的过程中，空气只是作为传递热源和火源的介质，而水在大部分情况下可以阻止火灾。

发现缺陷

⑫ 译者注：原文是"less than nothing"，可以理解为燃素的重量是负值。

1666年的伦敦大火开始于一间面包房。皇家学会干事罗伯特·胡克（Robert Hooke）为此在起火点普丁巷附近树立了一个纪念碑，这个纪念碑是曾是一个立柱，后来也被作为眺望台。

然而，这个理论长久以来都受到了金属加工工人的质疑。如果火是被释放出来的物质，加热时物质应该变轻，但为什么当金属被加热到很高温度时会变得更重呢？（我们现在明白了，是因为氧气参与了金属反应生成氧化物，增加了它的总重量。）

德国的外科医生约翰约阿希姆·贝歇尔（John Joachim Bercher）曾经给出过解释。在伦敦大火后，他提出在燃烧过程中会释放出一种叫"燃素"的物质（phlogiston，这个词语来自于希腊语种的"燃烧"）。当这个理论因金属受热重量增加而受到质疑时，他给出了一个令人费解的答案：燃素的重量为负值，所以当它从物质里释放出时，物质会变得稍重。

26 温度的度量

科学需要精确化，这也就意味着对于能释放热量的火、燃素或随便怎么命名的这些科学研究的物质，人们需要测量它们燃烧所产生的热量。温度计技术在18世纪初快速发展，而计量单位的明确则是需要解决的核心问题之一。

现在还没人知道究竟是谁发明了温度计，但人们知道，温度计运用的是液体热胀冷缩的原理。公元1世纪时，亚历山大的希罗（Hero of Alexandria）已经知道了温度计的工作原理，但是温度计（水温度计）被用于工作的第一次记录却出现在17世纪初期。此前，温度计测量或用于温度比较的刻度是完全任意的，一直到1724年，加布里埃尔·华伦海特（Daniel Gabriel Fahrenheit）才确定了一种具有实际意义的刻度。

发明了酒精和水银温度计的华伦海特曾是一名玻璃吹制工。他将温标界限定于一个上限和一个下限之间，上下限都是常数并且很容易被获得。因此，这样的温度计可以较为容易地进行反复校准。接近标准条件时，人们才能获得比较准确的数据，所以在日常情况中这是一种实用的测量手段。华伦海特选择人体温度作为上限，设为96°，而把温度稳定的水、冰、氯化铵的混合物的温度作为下限，设为0°。在1742年，安德斯·摄尔修斯（Anders Celsius）创立了一种以冰水混合物为零点的简单温标。这种温标现在仍然在世界范围内使用，而科学家选择摄氏度（Celsius degree）作为温度测量的单位。

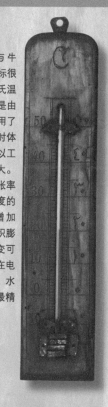

水银温度计

华氏温标与牛顿提出的一种温标很相近。然而，华氏温度计后来的成功是由于这类温度计使用了水银。水银膨胀时体积变化很小，所以工作装置不需要很大。并且，水银的膨胀率是均匀的，随温度的升高体积均匀增加（其他液体的体积膨胀率随温度的改变可能并不均匀）。在电子设备出现之前，水银温度计一直是最精确的温度测量仪。

27 电力储存

在18世纪时，人们对电的研究遇到了很大障碍。原始的发电机可以产生瞬时的电火花，但是却无法储存这种神秘的"电流体"。

奥托·冯·格里克(Otto von Guericke)的发明——真空泵对罗伯特·波义耳(Robert Boyle)空气的研究产生了很大的作用，现在要介绍的他的第二件发明，在电磁学领域里也有重要影响。1660年，冯·格里克将一个手刻的硫磺球固定在一个木质把手上，制成了一个静电发电机。就像摩擦琥珀一样，用手旋转硫磺球，它便可以吸引物体并且产生电火花。

这样的静电发电机和后来那些用玻璃代替硫球的"摩擦机器"大部分只被当作玩物。18世纪40年代，许多聚会中都会有"电吻"的游戏：一个人站在凳子上（使其与地面隔离避免电流传导）被发电机"充电"，此时，另一人的轻轻一吻便可以使静电传导，由此在两人之间会产生短暂的电流。

1745年，埃瓦尔德·G·冯·克莱斯特(Ewald Georg von Kleist)在一个瓶子内外壁都覆上银制的金属箔，使得内外银箔彼此不接触。他把内层银箔与发电机相连，让外层银箔与大地相连。内外不接触时，电流可以在里层存储；同时触摸两层银箔时，电就可以被释放出来。起初，克莱斯特是用手触摸的，因此这个过程中没有事故发生是件十分幸运的事。1946年，荷兰莱顿大学的彼得·范·穆森布罗克(Pieter van Musschenbroek)也做了一个相似的装置，这也就是著名的"莱顿瓶"（Leyden jar）。莱顿瓶成为了当时电力的主要来源，这种储存电流的方式大约持续了60年之久。

在18世纪，电被认为是一种流体，所以人们理所当然地认为用瓶子可以储电。如图，电荷被储存在瓶子的内表面，其工作原理就像现代电学中的电容器一样。

本杰明·富兰克林在1752年用闪电给莱顿瓶充电，幸运的是他活了下来。

流体理论

此前，人们已经发现许多带电物体彼此会相互排斥，例如，带电的琥珀无需接触就可以推开玻璃。人们曾经认为这些材料里面包含的是两种不同类型的电流体。然而，本杰明·富兰克林（Benjamin Franklin）却认为是一方失去了电而另一方得到了它，也因此引入了正电荷和负电荷的概念。我们还要感谢富兰克林发明了"电池"（battery）这个词，他用这个词来形容一组莱顿瓶，将它们与普通的粗管区分。

28 固定空气——二氧化碳

苏格兰的一位医生在寻找治愈肾结石的过程中，偶然发现了一种新形式的空气。他把这种空气命名为"固定空气"（fixed air），它就是我们十分熟悉的二氧化碳。

18世纪50年代，正在接受医疗训练的约瑟夫·布拉克（Joseph Black）在做相关的理论研究时发现了二氧化碳。他那时对化学很感兴趣，并开始研究能够溶解人体中肾结石和胆结石的矿物溶剂，从而把病人从痛苦中解救出来。后来，他知道生石灰的溶液有此作用，但是直接食用会带来极大的副作用。

固定空气的释放

布拉克把注意力转向了比较弱的白氧镁（magnesia alba，就是现在的碳酸镁），那时的人们认为它是中性碱。虽然它对肾结石没有作用（布拉克记录了它的通便和抗酸作用），但是这些白色粉末遇到酸时会释放出气泡（酸和碳酸盐反应通常会放出二氧化碳），这些气泡吸引了这个年轻的苏格兰人。他对白氧镁进行加热后，发现虽然得到的晶体与之前看起来相同，但是放在酸里却不再有气泡产生（碳酸盐加热后会分解为氧化物和二氧化碳，该氧化物和酸不会再生成二氧化碳）。对于这样的现象，他猜测是固定在白氧镁中的气体加热后已经被释放了出来。

布拉克无法收集通过加热释放出来的气体，但是他称量了碳酸镁和酸混合前的总重量与混合一段时间"固定空气"释放出来之后的总重量，经过比较，他发现重量减轻了。

林地的精神物质

第一份对二氧化碳的记录来自于比利时的约翰内斯·海尔蒙特（Johannes van Helmont）（下图中右边的那位，他从炼金师那里收集物资）。他注意到木炭燃烧留下的灰烬重量比燃烧之前要轻，他收集到这些释放出来的"空气"并称它为spiritis sylvestris（林地精神物质）。海尔蒙特还创造了"气体"（gas）这个词，这个词很可能来源于"混乱"（chaos）。

一种普遍存在的物质

布拉克知道其他的中性碱也能释放出固定空气，比如石灰岩（碳酸钙）。他指出这些气体其实是同一种物质——它们都会使石灰水（氢氧化钙溶液）变浑浊（二氧化碳会与氢氧化钙反应生成碳酸钙的微小颗粒）。布拉克还发现燃烧、呼吸、发酵释放出来的气体也能使石灰水变浑浊，这使得布拉克成为了第一个证明同一种物质可以由多种来源产生的人。

29 潜藏热量的发现

除了二氧化碳的工作以外，约瑟夫·布拉克(Joseph Black)也对热量进行了研究，由此形成的基础科学被称作"热力学"。

作为医生的布莱克在后来的职业生涯中，对于物质变化的冷热效应十分感兴趣。他进行了诸如水转变为冰或是蒸汽这样类似的研究。

约瑟夫·布拉克在爱丁堡大学完成了大学本科的学业，接着在格拉斯哥大学成为了一名医学教授。两所高等院校化学学院的一些公共设施均以布拉克的名字命名。

隐藏的热量

我们都知道冰受热时会融化成水，而水会变为水蒸气。但布拉克发现，加热冰时，虽然有更多的水产生，但是整个系统的温度并不会升高。同样的，水变为蒸汽的过程中即便一直加热，温度也不升高，水蒸气的温度还会一直保持恒定。

布拉克得到这样一个结论：在物质受热的过程中，热量被用于将固体转变为液体，或是液体转变为气体，而不是仅仅使体系变得温暖。当被加热物质的状态已经完全改变，比如所有的冰都已融化成了水，"剩余"的热量才会继续使体系的温度升高。他称此为"潜藏的热量"。物质融化或是蒸发时，需要各自的潜藏热量。布拉克并未用相关的术语来理解这个现象，而我们知道，"潜藏的热量"也可用于相反的过程。即当增加潜藏热量时，冰会融化成水，而失去等量的潜藏热量时，水也会凝结成冰。因此在冰点时，水会在结冰的过程中释放热量，但温度依然保持不变。

冰山漂浮的原因

水在人们的生活中普遍存在，因此人们很难想象水其实是一种不同寻常的物质。其中一个奇特的性质是，冰比水更轻——这不同于一般的物质，物质冷凝状态下往往会更重。这是因为，当水凝结成冰时，水分子会向外延展，为了形成稳定的相互作用而重新有序地排列。从更大的角度来看这个现象，就可以解释冰会浮在水面上，水会从上至下地结成冰。如果冰更重，大部分的海底将会被永久地冻结，这也会很大程度地改变地球的自然状态。

热容量

布拉克也意识到一些物质，以液体为主，尽管以同样的方式加热，但是温度升高的时间比别的物质更加漫长。针对这类现象，他创造了一个术语——"热容量"（heat capacity）。他发现水的热容量比类似酒精这类物质（易挥发）的热容量要大。苏格兰的詹姆斯·瓦特（James Watt）是布拉克的朋友，他运用热容的概念，很大程度地提高了蒸汽机的效率。过去设计的蒸汽机经常将水反复加热，不仅浪费时间，也浪费燃料的热量；瓦特设计的蒸汽机则将蒸发和冷凝装置分开，正是这个改进大大提高了蒸汽机的效率。

30 氢气——会燃烧的"空气"

氢是宇宙中最普遍存在的元素，但是在1766年以前，人们并不知道氢的存在。直到亨利·卡文迪什（Henry Cavendish）发现，铁与酸反应能够生成一种具有可燃性的气体。

在高中的化学课上，我们最早做的几个实验之一，就是观察一小块金属放入某种酸中会产生什么样的现象。意料之中的结果就是会产生一些气泡，这些气泡可以燃烧，并且时常伴随着特有的爆鸣声，这就是氢。如今，人们有足够的理由可以相信，金属与酸反应生成的气体确实就是氢气，但是化学家最初对此并不那么肯定。对于他们身边常见的金属——铜、银和铁中，只有铁会发生这样的反应。（如今上化学课的学生经常会看到镁和酸的反应，但在当时，镁还没有被发现。）

17世纪60年代，罗伯特·波义耳（Robert Boyle）曾经认为，铁屑浸在酸中产生的"空气"很容易被燃烧，一个世纪后，卡文迪什才发现这种所谓的"空气"实际上是另一种不同的物质。他将其称为"易燃的空气"（flammable air），并且认为这种质量较轻的物质就是当时所谓的"燃素"，它是火之所以存在的本质原因。

亨利·卡文迪什出生在一个科学名门的家庭，他的父亲本身在自己的领域也是首席科学家。卡文迪什在年轻时就可以在自己的家中建造实验室。他很喜欢收集氢气，经常将金属与酸共热，并将产生的气体收集在一个倒扣在水中的容器里。

比空气更轻

氢气是自然界最轻的气体，它是氧气质量的1/16。在卡文迪什分离出氢气后不到20年，氢气球就产生了。然而在1937年，当时最大的兴登堡飞艇在新泽西飞行时忽然着火，燃烧发出了巨大的球形火焰，人们对这一新型交通工具便很快丧失了信任。现在我们知道，除了是最轻的气体外，氢气也是非常易燃的气体之一。

31 燃素化"空气"——氮气

根据燃素理论去解释燃烧现象，空气之所以支持燃烧，是因为它从燃烧的物质中吸收了一种叫作"燃素"的神秘物质。在研究约瑟夫·布拉克（Joseph Black）发现的"固定的空气"（二氧化碳）与燃烧关系的同时，丹尼尔·卢瑟福（Daniel Rutherford）也发现了一种新的气体。

18世纪时，人们存在一个普遍的认识，那就是生命之所以能够持续是因为人体一直在吸取"好的空气"，当它因为某种原因转变为"坏的空气"时，我们就通过呼吸作用将它们排出人体。卢瑟福在当时正确地认识到，布拉格发现的二氧化碳就是"坏的空气"的主要成分。确实，布拉克曾经证实过，生物会呼出二氧化碳，并且这种气体可以使火焰熄灭。1772年，卢瑟福开始进行气体相关研究。首先，他要制备一瓶二氧化碳的样品。他先将一只小鼠困在一个密闭罐中，再向其内快速放置一根燃着的蜡烛，由此将"好的空气"，也就是氧气尽量消耗。接着，他如布拉克所记述的那样，将制得的二氧化碳样品通入澄清石灰水（氢氧化钙的稀溶液）并再次收集，他以为这样就可以将"坏的空气"转化为"好的空气"。但是，当他把燃烧的蜡烛放入余下的气体时，蜡烛依旧熄灭。为了使这个现象可以被燃素理论所解释，卢瑟福将他燃烧后余下的气体称作"燃素化空气"（phlogisticated air），意思是没有"好的空气"的饱和的燃素，不能再继续支持燃烧。我们现在知道，他实际上发现了一种空气中含量最多也是性质非常稳定的气体——氮气（nitrogen）。

32 氧气与布道——约瑟夫·普利斯特里

在当时,研究气体或是当时所谓"空气"的科学家都被称为"气体化学家"。继许多气体化学家以后，约瑟夫·普利斯特里（Joseph Priestley）也做出了他的贡献。这个既是牧师又是化学家的人是氧气的发现者，同时也因他的政治诉求与宗教信仰被自己的祖国所驱逐。

约瑟夫·普利斯特里的研究工作对当时的科学界有着持久的影响。也是他注意到从植物中提取的一些乳白色的乳液可以变为固体聚合物，这类物质可以擦（英语中"擦"是"rub"）去铅笔的痕迹。这种东西后来一直被叫作橡胶（rubber）。

普利斯特里的第一个职业是长老教会的牧师。他虽然不是一个伟大的演讲者，但是他在布道中推崇公正，在即将爆发革命前，他通过布道来支持美国殖民地的独立。直言不讳的普利斯特里并不是一个受欢迎的牧师，为此他频繁更换教会，同时也在发展自己对于化学实验的爱好。